El observ... reflexión de la luz

Peter D. Geldart
Miembro del RASC

Traducido del inglés por
Google Translate

El observador y la reflexión de la luz
Peter D. Geldart
miembro del RASC
geldartp@gmail.

comaprox. 3600
palabras10 x 15 cm
34 páginas
Arial 8Courier New 14, 18Times New Roman 10, 11

Traducido del inglés por Google Translate

Petra Books
MBO Coworking
78 George Street,
Suite 204
Ottawa, ON K1N 5W1, Canadá

Portada: Una luna gibosa brilla sobre el lago Ontario. Vista al suroeste desde el condado de Prince Edward, Ontario, Canadá, el 18 de agosto de 2013 a las 4:30 h. Recortada. (Fotografía del autor)

Una versión abreviada se publicó por primera vez en:*Reflector*, v76, n3, p11, 06/2024, The Astronomical League
y
Amateur Astronomy Magazine, número 123, p48, 2024.

Resumen

Una de nuestras condiciones habituales es estar inmersos en la radiación, pero lo que vemos está limitado por el espectro visual, a una sensibilidad de aproximadamente una décima de segundo, y por nuestra posición. Más que limitaciones, estas nos proporcionan un marco en el que podemos navegar, examinar y reflexionar sobre el mundo. El autor considera los fenómenos, generalmente aceptados, de la luz de la luna sobre el agua y la luz del sol sobre la nieve para demostrar que nuestra posición es crucial: cuando nos movemos, nos siguen brillantes reflejos especulares sobre el fondo difuso.

Geldart

Introducción

Me interesa considerar la luz que nos rodea y la importancia crucial de mi posición para determinar lo que veo. No me preocupa demasiado la microfísica ni la psicología, sino mi integración en el mundo físico: percibo mi entorno a través de destellos de luz instantáneos, entrelazados en un continuo que comprendo con base en la experiencia, la intuición y la razón[1]. A medida que me muevo, mi perspectiva cambia, alterando mi visión de superficies brillantes o sombreadas, y la superposición de objetos. De toda la radiación electromagnética que un ser omnisciente podría percibir, solo vemos una parte. Pero esta perspectiva subjetiva proporciona una claridad que nos permite discernir formas, paisajes y las estrellas. Nos permite hacer ciencia y filosofía (solo durante los últimos cuatro milenios, aproximadamente, hay que decirlo). Me recuerda a la novela Contacto de Carl Sagan[2], en la que,

---

1 Sin experiencia, un bebé no puede comprender su entorno visual, así como un astronauta recién llegado a un planeta extraño, incluso la Luna, tendría grandes dificultades para juzgar las formas y las distancias.

2 Contacto es una novela de Carl Sagan. Nueva York: Simon & Schuster (1985) https://en.wikipedia.org/wiki/Carl_Sagan

parafraseando, un alienígena avanzado le dice a los humanos que son una especie interesante, pero que necesitan unos pocos millones de años para madurar.

Este ensayo forma parte de mi intento por comprender, en términos generales, la perspectiva del observador. A través de la lente curva de mi ojo, veo la luz que me llega directamente o a través de mi visión periférica, que es solo una parte de la que se refleja y se vuelve a reflejar continuamente en el entorno.

Es una extensa mezcla de radiación que implica la interacción de billones de fotones y electrones[3]. Sin embargo, puedo ver bordes

---

3 Predomina la luz visible (aproximadamente de 400 a 700 nanómetros) y algunas longitudes de onda más largas, como las de infrarrojos, microondas y radio, que penetran nuestra atmósfera. Nuestros ojos han evolucionado para utilizar el llamado espectro visual, ya que es suficiente para la supervivencia. http://hyperphysics.phy-astr.gsu.edu/hbase/ems1.html
El término fotón, o en realidad electrón, son simplemente expresiones convenientes: «Arroja una piedra al agua en calma: las partículas de agua simplemente suben y luego bajan. Son las perturbaciones de las fuentes de electromagnetismo (excitaciones de amplitudes y frecuencias fluctuantes causadas por partículas virtuales) las que viajan a la velocidad de la luz, no los fotones». — Rodney Bartlett, Universidad Nacional de Australia. https://core.ac.uk/download/pdf/186330043.pdf#page=6

discretos y movimientos complejos a diversas velocidades y distancias, por no mencionar matices y texturas sutiles, así como, con instrumentos, detalles en la superficie lunar y fenómenos astronómicos distantes.

Todo esto plantea una pregunta existencial. Podría ser una rara combinación de factores la que nos haya permitido evolucionar como seres inteligentes y videntes en un planeta con cielos despejados día y noche, lo que nos permite desarrollar una ciencia y una filosofía extrovertidas, es decir, que abarcan gran parte del planeta y el cosmos, en contraste, como se puede imaginar, con los seres inteligentes en mundos acuosos o gaseosos envueltos.

Usaré los ejemplos de la luz de la luna sobre el agua y la luz del sol sobre la nieve para considerar:

- la física de la reflexión de la luz en la naturaleza

y

- la importancia de la posición del observador.

Figura 1. Una luna gibosa brilla sobre el lago Ontario. Vista al suroeste desde el condado de Prince Edward, Ontario, Canadá, el 18 de agosto de 2013 a las 4:30 a. m. (Fotografía del autor).

Luz de luna sobre el agua

Imagínate estar en la playa de un gran lago mirando hacia el sur (en mi caso, en el hemisferio norte) sin una orilla lejana visible. La luna está a medio camino del cenit y proyecta una línea brillante sobre el agua, claramente centrada en el observador (Figura 1).

El reflejo es más denso en una línea hacia el horizonte bajo la luna, atenuándose en los bordes hasta que solo queda agua oscura. Algunos destellos son momentáneamente más brillantes que otros, y cada pocos segundos se produce un destello lejano en el agua circundante. La franja brillante es el resultado de la luz de las moléculas de agua que están alineadas de forma similar en un momento determinado, de modo que los rayos incidentes sobre los átomos generan rayos en mi dirección. Más precisamente, veo la luz de los átomos que emiten fotones en mi dirección por un instante, cuya función luego es asumida por otros.

El brillo de la luna sobre el agua es el resultado de muchos reflejos en cascada. Feynman (1963) utiliza la frase "la suma de todas las intensidades":

"Lo que ocurre en una fuente de luz es que primero un átomo irradia, luego otro, y así sucesivamente. Acabamos de ver que los átomos irradian un tren de ondas solo durante unos 10^{-8} s [10 nanosegundos; tras lo cual] probablemente un átomo toma el relevo, luego otro, y así sucesivamente… Ciertamente, con el ojo, que tiene un tiempo de promediación de décimas de segundo, no hay ninguna posibilidad de ver una interferencia entre dos fuentes ordinarias diferentes… Así, en muchas circunstancias no vemos los efectos de la interferencia, sino solo una intensidad total colectiva igual a la suma de todas las intensidades." (Feynman, Vol. I 32-4)

Esto explica por qué veo una gestalt de destellos a lo largo de una línea hacia el horizonte (la distancia es de unos 5 km). Si camino 100 m hacia un lado, entro en un área en la que la luz que emerge en un ángulo similar desde un área diferente de agua nuevamente transmite la franja iluminada por la luna a mi ojo. La luz brillante me ha seguido. Debido a que las moléculas de agua ondulan constantemente, hay muchos átomos que pueden estar enviándome fotones de un momento a otro.

En la distancia, la línea está fijada al punto azimutal en el horizonte debajo de la luna, y luego fijada a mí en la orilla. (Temporalmente puedo considerar la luna como fija, aunque está orbitando hacia el este y estoy en la Tierra que gira hacia el este relativamente más rápido). Para otro observador, por ejemplo, a 1 km a mi lado, una franja iluminada por la luna se dirigirá hacia ellos.

Dondequiera que estén, los observadores a lo largo de la playa ven una aparición similar (Figura 2), lo que significa que toda la superficie del agua debe estar reflejando lo que cada observador ve como una luz más brillante.

Imagine un kilómetro de playa con un poste cada 10 m, donde una cámara apunta al lago. Al examinar todas las imágenes, se descubre que gran parte de la superficie del lago exhibe una luz de luna brillante y centelleante. La velocidad de obturación de la cámara es de aproximadamente 1/100 de segundo, un millón de veces más larga que la de Feynman (1/100.000.000 de segundo), por lo que la cámara habrá recibido una gran cantidad de fotones durante ese tiempo. La imagen será similar a lo que ve el ojo humano: una franja brillante en el agua. Si pudiéramos grabar la escena a una velocidad de obturación de 10 nanosegundos, solo se admitirían unos pocos fotones, solo los de los átomos del lago que están alineados de manera que emitan un rayo a la cámara en ese momento, y solo se capturaría un "momento" de la escena. En ese caso, la imagen grabada solo mostraría unos pocos puntos brillantes en el agua en lugar de una línea coherente, similar a los cristales de nieve en un campo nevado.

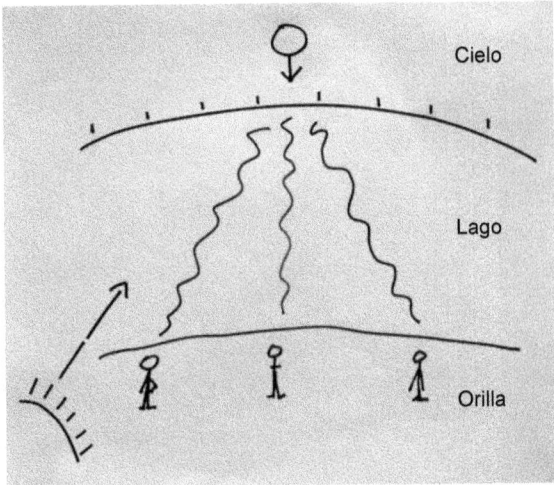

Figura 2. La luz de la Luna brilla aproximadamente paralela al lado nocturno de la Tierra y a todo el lago. Cada observador ve su propia trayectoria brillante hacia la Luna, tal como se muestra en la Fig. 1 (Boceto del autor).

¿Qué es la reflexión?

Nuestro entorno natural está iluminado casi en su totalidad por la luz solar reflejada, aunque el término «reflejada» es simplista (pero lo seguiré usando). Vemos el resultado de billones de interacciones entre fotones y electrones. Este es el dominio de la electrodinámica cuántica (EDQ), «la teoría que describe las interacciones de los fotones con partículas cargadas, en particular los electrones» (Stetz, 2007).

Según Feynman (1963, 1979) y otros en el campo, las ondas de luz impactan una superficie y transfieren energía a los electrones del material, provocando que se «sacudan» y emitan nuevos fotones.[4]

---

4 Un haz de radiación incide sobre un átomo y provoca el movimiento de sus cargas (electrones). Los electrones en movimiento, a su vez, irradian en diversas direcciones. — Richard Feynman, Conferencias Feynman de Física 1961-1963. Vol. I, Fig. 32-2.
https://www.feynmanlectures.caltech.edu/I_32.html

El comportamiento cuántico de los objetos atómicos (electrones, protones, neutrones, fotones, etc.) es el mismo para todos; todos son 'ondas de partículas'. — Richard Feynman, Conferencias Feynman de Física 1961-1963. Vol. III, 1-1.
https://www.feynmanlectures.caltech.edu/III_01.html

Steinhardt (2004) define la luz:

"La mejor manera de pensar en la luz es como una onda que solo puede emitirse o absorberse en cuantos, pero que, entre ambos extremos, es una onda. Se mueve como una onda, se difracta como una onda, se dobla como una onda e interfiere como una onda. Pero no se emite ni se absorbe como una onda, sino como una partícula. Esta es la famosa 'dualidad onda-partícula' de la mecánica cuántica." (Steinhardt, 2004, p. 13)

Podría decirse que la luz que incide en un átomo impulsa a un electrón a ascender a una órbita superior alrededor del núcleo.

El átomo se vuelve inestable y, en un momento aleatorio, el electrón desciende a una órbita inferior y se emite un fotón (Polkinghorne, 2002), o un electrón libre cercano llenará inmediatamente el vacío con un resultado similar. (Figura 3)

Ley de Snell[5] establece que el ángulo de emisión de la luz debe ser igual al ángulo de incidencia.

Esta es una descripción basada en un modelo «planetario» desarrollado a principios del siglo XX por Rutherford[6] y Bohr[7].

---

5 Willebrord Snellius (1580-1626), astrónomo holandés cuyo trabajo fue presagiado por filósofos antiguos e influyó en Descartes, Fermat, Huygens, Maxwell y otros. La Ley de Snell define la relación entre el ángulo de incidencia y el ángulo de refracción al pasar la luz a través de diferentes medios. https://en.wikipedia.org/wiki/Snell's_law

6 Ernest Rutherford (1871-1937), físico nacido en Nueva Zelanda que trabajó en las universidades de McGill, Manchester y Cambridge. https://www.nobelprize.org/prizes/chemistry/1908/rutherford/biographic

7 Niels Bohr (1885-1962), físico danés que trabajó con Rutherford en Manchester y enseñó en la Universidad de Copenhague. https://www.nobelprize.org/prizes/physics/1922/bohr/biographic

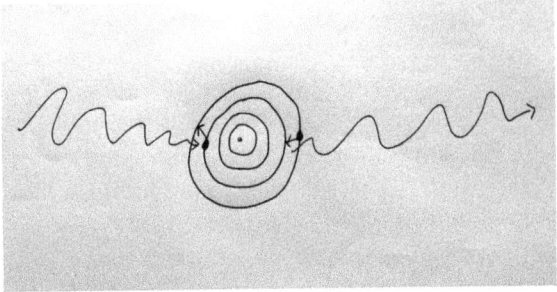

Figura 3. La reflexión de la luz sobre una superficie podría describirse de la siguiente manera: un fotón (L) impacta un átomo en la superficie de un objeto, excitando a un electrón para que se desplace a una órbita superior. Cuando este se vuelve inestable, un electrón desciende a la órbita inferior, u otro llena el vacío, y se genera un fotón (R). (Bosquejo del autor).

Sin embargo, los modelos que han surgido desde entonces consideran que los electrones existen en una nube de probabilidad alrededor del núcleo de un átomo en el que sus posiciones son indeterminadas, "…como abejas zumbando alrededor de una colmena, pero moviéndose demasiado rápido para verlas claramente".[8]

---

8 Philip Ball (1962–), Los Elementos. Una Breve Introducción. (p. 78). Oxford: Oxford University Press. https://en.wikipedia.org/wiki/Philip_Ball

Difusa y especular

En entornos naturales, la reflexión difusa, que muestra colores y matices sutiles, nos rodea principalmente. Ocasionalmente, vemos reflexión especular blanca: el sol o la luna brillando sobre el agua, el destello de una telaraña o una roca lisa. En el Antropoceno, existen numerosos ejemplos de reflexión especular en objetos artificiales, tanto en interiores como en exteriores.

Imagine una vista aérea sobre el lago, mirando hacia la playa con el sol bajo a sus espaldas. La luz se proyecta por igual sobre toda la superficie terrestre y del lago. Dado que la luz incide en el agua desde un ángulo bajo, se podría decir que provoca que los electrones emitan fotones con mayor probabilidad hacia la playa que en otras direcciones. Vista desde cualquier punto de la orilla, la mayor parte del agua se verá azul verdosa (reflexión difusa del cielo y alrededores), excepto en la línea hacia el sol, que se verá sorprendentemente blanca (especular). Tanto la luz azul verdosa dispersa como la luz brillante se emiten a diferentes observadores desde la misma agua al mismo tiempo. O dicho de otro modo, donde una persona ve una línea centelleante, otra (digamos a 100 m de distancia) ve agua azul verdosa difusa "normal", y puede que vea su propia línea centelleante en otro lugar. La cuestión es que el observador se ve impulsado a ver un reflejo especular en una línea sobre el agua que se extiende desde él hacia el sol.

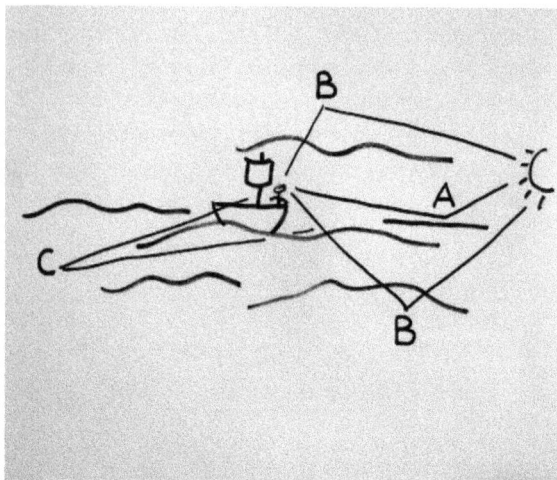

Figura 4. Con el sol de frente (derecha), veo una línea de luz especular en (A) alineada hacia la fuente, además de destellos ocasionales a los lados (B) y, a veces, desde atrás (C). (Boceto del autor).

Aquí estoy en un pequeño bote en un lago mirando hacia un sol bajo (Figura 4). Veo una línea de agua centelleante hacia el sol; esas formaciones de átomos deben ser más o menos horizontales desde mi punto de vista. También veo el destello ocasional a mis lados y, a veces, detrás de mí, de átomos que momentáneamente envían rayos a mis ojos.

La luz del sol sobre la nieve

La reflexión especular también es evidente en un campo nevado. Mirando hacia el sol, veo numerosos destellos diminutos esparcidos por el campo, quizás mil en un área de 10 m². Desaparecen y reaparecen a medida que me muevo. Esto es muy preciso: si muevo la cabeza (no el ojo) lo menos posible, el patrón de puntos brillantes cambia, no adyacentes, sino hacia otras partes del campo. Hay más destellos cuando miro hacia el sol que hacia un lado o hacia atrás, donde veo aproximadamente la mitad. La luz solar incidente (incluida la luz reflejada del entorno) energiza los electrones dentro de los átomos de la superficie de la nieve en todo el campo para emitir longitudes de onda del color de la nieve de forma difusa. Al mismo tiempo, este proceso induce la emisión de luz blanca brillante de espectro completo desde átomos que emiten fotones en un ángulo que solo veo si estoy en cierta posición con respecto al cristal de nieve. A menudo, la luz blanca se fragmenta y se pueden ver colores individuales. Otros observadores cercanos ven diferentes patrones de puntos brillantes sobre el campo.

En la nieve veo estos efectos especulares hasta unos diez metros, mientras que en el caso de la luz de la luna sobre el agua, la escala es de unos pocos kilómetros. La franja brillante sobre el agua se mueve conmigo continuamente porque hay una gran cantidad de moléculas de agua disponibles para reflejar la luz de forma coherente hacia mí.

Los átomos se mueven entre sí y siempre hay un átomo que reemplaza al que acaba de emitir luz a mi vista y ya no lo hace. Asumen el papel de los cristales de nieve, o dicho de otro modo, el campo de nieve es como un nanosegundo congelado de los destellos en el agua.

La perspectiva del observador

Hay otros escenarios que subrayan la naturaleza subjetiva de la observación. En un día de invierno en las regiones del norte, es evidente que los árboles caducifolios desnudos proyectan largas sombras sobre la nieve, que se extienden a mi izquierda y derecha mientras estoy de cara al sol.

Me giro hacia el otro lado y, con el sol a mis espaldas, veo las largas sombras de los árboles que se extienden hasta un punto de fuga en el horizonte, justo delante de mí. (Figura 5) Esto debe ser una ilusión óptica, ya que en las fotografías aéreas verticales las sombras de los árboles son paralelas. Sin embargo, la impresión que tengo sobre el terreno, donde estoy, es la de estar en el centro de una lente gigante.

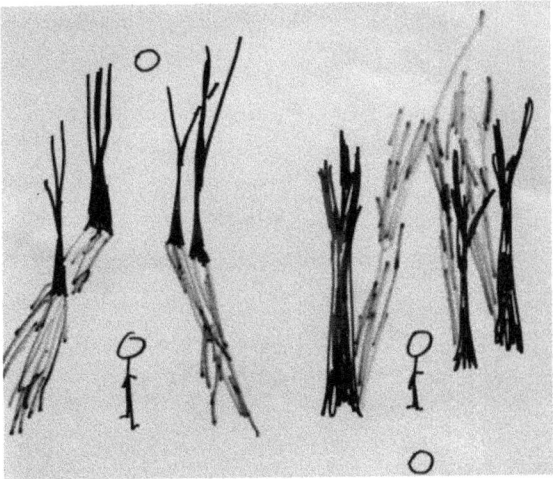

Figura 5. Las sombras de los árboles se extienden a mis lados cuando miro hacia el sol (izquierda) y convergen en un punto de fuga en el horizonte cuando me giro y miro hacia el otro lado (derecha). (Boceto del autor).

En otro ejemplo similar a los destellos en la nieve, mientras camino por una carretera asfaltada de cara al sol, veo aproximadamente el 10% de la superficie como puntos brillantes (el patrón cambia con el movimiento) y el resto como un negro opaco difuso. Interpretamos el color negro de la carretera como su color inherente, pero cuando vemos puntos brillantes, los interpretamos como provenientes de lejos (es decir, del sol) [9], aunque todos los fotones se originan en los átomos del asfalto.

De nuevo: junto a un arroyo veo el orbe del sol reflejado en el agua, una imagen que me sigue a medida que avanzo, una especie de versión condensada de la franja de luz en el lago. Podría recorrer muchos kilómetros (si fuera un arroyo largo y recto) y vería el mismo orbe a mi lado.

De vuelta en la playa, mientras camino, me desplazo hacia zonas iluminadas de forma ligeramente diferente por la luz difusa reflejada y re-reflejada (la orilla de la bahía, los árboles lejanos, el agua, el cielo). La luz de la escena en mi ubicación actual es ligeramente diferente a la de mi ubicación anterior. Habría miles de escenas en las que me encontraría al caminar. Deja que la línea brillante en el agua se superponga a un pequeño bote anclado cerca de la orilla. Cuando me muevo 100 m por la playa,

---

9. Ludwig Wittgenstein (1889-1951) alude a esto en sus notas de 1950-1951: «Si la impresión se percibe como transparente, el blanco que vemos simplemente no se interpretará como el blanco del cuerpo». En Observaciones sobre el color (p. 35, ítem 140), G.E.M. Anscombe (Ed.). Oxford: Basil Blackwell (1977). https://en.wikipedia.org/wiki/Remarks_on_Colour

el barco sigue, por supuesto, donde estaba, pero ahora está fuera del reflejo especular que se ha movido conmigo, además la luz de toda la escena frente a mí ha cambiado sutilmente: no hay un fondo "fijo" de radiación, solo un mundo físico fijo de objetos, superficies, agua y atmósfera.

Figura 6. " Un missionnaire du Moyen Âge raconte qu'il avait trouvé le point où le ciel et la Terre se touchent ... " [puntos suspensivos en el original]. Ilustración en L'ambiance météorologie populaire de Camille Flammarion. p. 163. París: Librairie Hachette et cie. (1888). En línea en https://archive.org/details/McGillLibrary-125043-2586/page/n175 y en el dominio público en https://commons.wikimedia.org/wiki/ Archivo: Flammarion.jpg

Conclusión

He analizado algunos aspectos de la física de la reflexión de la luz y he descubierto que la luz no rebota en los objetos, sino que es absorbida por los átomos del material, emitiendo nueva luz. Mi postura es crucial: la reflexión especular se alinea con la fuente y se mueve conmigo sobre el fondo difuso. Tanto la reflexión especular como la difusa son percibidas por los mismos átomos al mismo tiempo por observadores separados. ¿Cómo es esto posible? La mecánica cuántica puede aportar algunas respuestas, pero, como todos los paradigmas, algún día será superada. Me recuerda a las piedras de Newton[10] y el grabado de Flammarion (Figura 6), alegorías que sugieren que siempre habrá más por saber.

---

10 Parece que fui solo como un niño que jugaba a la orilla del mar, divirtiéndose de vez en cuando encontrando una piedra más lisa o una concha más bonita de lo habitual, mientras el gran océano de la verdad se extendía ante mí, sin descubrir. — Isaac Newton (1642–1727) Museo Fitzwilliam, Universidad de Cambridge. https://fitzmuseum.cam.ac.uk/objects-and-artworks/highlights/context/stories-and-histories/sir-isaac-newton

Los ejemplos de este ensayo —que bien podrían ser el sol sobre el agua o la luz de la luna sobre la nieve— sugieren que cada uno de nosotros se encuentra en una burbuja óptica y psicológica con la que, a través de la experiencia, hemos aprendido a convivir y a percibir con gran destreza nuestro entorno cambiante y las vistas lejanas. El factor facilitador es que solo vemos destellos de luz de momento a momento, un marco que nos permite examinar y especular sobre el mundo.

Referencias

Feynman, R. (1963). Las Conferencias Feynman de Física
1961-1963. Vol. I 26-3, 32-2, 32-4; Vol. III 1-1, 32-2.
Michael A. Gottlieb y Rudolf Pfeiffer (Eds.). Pasadena:
Instituto Tecnológico de California.
https://www.feynmanlectures.caltech.edu

Feynman, R. (1979). Las Conferencias Conmemorativas
Douglas Robb, Universidad de Auckland, Nueva Zelanda.
http://www.vega.org.uk/video/subseries/8

Polkinghorne, J. (2002). Teoría Cuántica: Una Breve
Introducción. (pp. 11-13). Oxford: Oxford University Press.
https://en.wikipedia.org/wiki/John_Polkinghorne

Steinhardt, P. (2004) 10. Luz y Física Cuántica (p. 13).
Universidad de Princeton, Departamento de Física.
https://phy.princeton.edu/people/paul-j-steinhardt

Stetz, A.W. (2007) Una Breve Introducción a la Teoría
Cuántica de Campos (p. 5).
https://sites.science.oregonstate.edu/~stetza/COURSES/p
h654/ShortBook.pdf#page=5